LES

QUESTIONS DE LA VIE

PAR M. PIROGOFF

DOCTEUR EN MÉDECINE ET EN CHIRURGIE

Traduit du russe

« Quelqu'un me demanda : A quoi destinez-vous votre fils?

« — A être un homme, répondis-je.

« — Vous ne savez donc pas, reprit l'interlocuteur, que les hommes proprement dits n'existent point; — c'est une abstraction tout à fait inutile dans notre société. — Ce qu'il nous faut, ce sont des négociants, des soldats, des marins, des mécaniciens, des médecins, des légistes, et non des hommes.

« Est-ce vrai ou non? »

PARIS

ARMAND LE CHEVALIER, LIBRAIRE-ÉDITEUR

RUE DE RICHELIEU, 61

1868

LES

QUESTIONS DE LA VIE

Nous vivons, comme tout le monde le sait, dans le dix-neuvièmesiècle, qui est un siècle pratique par excellence.

Les abstractions, même dans leur chef-lieu, l'Allemagne, ne sont plus en vogue; et cependant l'homme, quoi qu'on en dise, n'est qu'une abstraction.

L'homme zoologique, il est vrai, existe encore avec ses deux mains, au moyen desquelles il se cramponne à la réalité; mais l'homme moral, avec d'autres abstractions des vieux temps, ne semble guère appartenir au présent.

Au reste, ne soyons pas injustes envers notre époque. Dans l'antiquité aussi, on cherchait des hommes, le jour, à la lueur des lanternes; mais on cherchait toujours.

Il est vrai — l'antiquité païenne n'était pas très-exigeante en matière de religion et de morale, elle tolérait toutes les convictions; — on y pouvait devenir *ad libitum* épicurien, stoïcien, pythagoricien; seuls, les mauvais citoyens n'y étaient pas en faveur. Sauf le respect que nous devons aux mérites incontestables du réalisme de notre époque, on ne saurait méconnaître que l'antiquité semblait apprécier davantage la nature morale de l'homme.

Dans l'antiquité, les gouvernements laissaient les écoles sans surveillance, et ne se croyaient pas en droit de se mêler de l'enseignement des sages. Chacun de leurs élèves pouvait, dans la suite, frayer des voies et former des écoles nouvelles; seulement, les pontifes et les tyrans, de temps en temps, bannissaient, emprisonnaient et brûlaient les philosophes, si leur doctrine venait à être en trop grande contradiction avec les dogmes de la religion de l'Etat; — au reste, cela ne se faisait que par l'intrigue des prêtres et des castes.

Privé de la lumière de la vraie religion, le paganisme des anciens était dans l'égarement; mais il y était amené par des convictions admises et graduellement éprouvées.

Si l'épicurien se noyait dans les jouissances sensuelles, il le faisait en prenant pour base la doctrine, quelque mal comprise qu'elle fût, de l'école qui affirmait que chercher, selon ses moyens, les jouissances et éviter les ennuis, c'est être sage.

Si le stoïcien commettait le suicide, cela provenait de la tendance à la vertu et à l'idéal de la perfection.

Même l'inconséquence apparente dans les actes du sceptique s'excuse par la doctrine de l'école, qui professait qu'il n'y a rien de sûr dans le monde, et que le doute lui-même est douteux.

A travers les égarements les plus grossiers de l'antiquité païenne, égarements basés sur des principes reconnus de religion et de morale, et sur la conviction, — on voit toujours percer l'attribut le plus essentiel de la nature spirituelle de l'homme, la tendance à résoudre la question du but de la vie.

Il est vrai que, dans l'antiquité tout comme de nos jours, il se trouvait des hommes qui ne se posaient aucune question à leur entrée dans la vie.

Mais à cette catégorie appartenaient ou appartiennent seulement deux espèces de gens :

1° Ceux qui tiennent de la nature la triste prérogative de l'idiotisme;

2° Ceux qui, à l'exemple des planètes, ayant une fois reçu l'impulsion, se meuvent par la force de l'inertie dans la direction donnée.

Sans doute, ces deux espèces ne peuvent être rangées parmi les exceptions, mais elles ne peuvent non plus servir de règles.

La doctrine du Sauveur a renversé le chaos de l'arbitraire moral; désigné à l'humanité la voie directe; déterminé le but et le centre des tendances de la vie.

Ayant trouvé dans la révélation la grande question de la vie, celle du but de notre existence, résolue, — il semblerait que l'humanité n'eût plus qu'à cheminer avec conviction et avec foi dans le sentier désigné. Mais des siècles ont passé, et tout est resté comme aux jours de Noé. (Matth., chap. XXIV, 37.)

Heureusement encore, notre société a réussi à s'organiser de telle sorte, que, pour la majorité des hommes, elle pose elle-même et résoud les questions de la vie, sans qu'ils sachent le comment et le pourquoi; et qu'elle imprime à cette masse, en tirant parti de la force de son inertie, une certaine impulsion : celle qui lui semble la plus propre à assurer le bien-être social.

Cependant, malgré la force de l'inertie qui prédomine dans la masse, il reste à chacun de nous autant de sentiment d'indépendance qu'il en faut pour nous rappeler que, tout en vivant en société et pour la société, nous vivons encore pour nous-mêmes, et en nous-mêmes.

Mais dès que nous avons appris, par instinct ou par expérience, que la société a pris une certaine direction, nous n'avons rien de mieux à faire que de concilier les manifestations de notre indépendance, aussi bien que possible, avec la direction de la société.

Sans cela, ou nous romprons avec la société, et alors nous pâtirons et nous serons dans la détresse; ou les fondements de la société commenceront à s'ébranler et à s'écrouler.

Ainsi, quelque grande que soit la masse des hommes qui suivent, sans s'en rendre compte, l'impulsion imprimée par la société, quelque peine que nous nous donnions, pour notre propre bien, afin d'adapter notre indépendance à cette direction, il y aura toujours beaucoup d'entre nous qui conserveront assez de sentiments d'individualité pour approfondir leur état moral et se poser les questions ci-après :

Quel est le but de notre vie? Quelle est notre destination? A quoi sommes-nous appelés? Qu'est-ce que nous avons à chercher?

Puisque nous sommes adeptes de la doctrine chrétienne, il semblerait que l'éducation devrait nous mettre les points sur les I.

Mais cela n'est possible qu'à deux conditions :

1° Si l'éducation est ajustée aux diverses facultés et au tempérament de chacun, tantôt en les développant, tantôt en leur mettant un frein ;

2° Si les bases morales et la direction de la société où nous vivons sont en complète conformité avec la direction qui nous est imprimée par l'éducation.

La première condition est indispensable, parce que les dispositions innées et le tempérament de chacun lui soufflent, à tort ou à raison, ce qu'il a à faire et à quoi il doit tendre.

La seconde condition est indispensahle, parce qu'à son défaut, quelle que soit la direction que nous aurait imprimée l'éducation, si nous voyons que la conduite de la société n'est point conforme à cette direction, nous nous en éloignerons immanquablement et nous nous fourvoierons.

Mais, à notre regret, notre éducation n'atteint pas le but présupposé, parce que :

1° Nos dispositions et nos tempéraments sont non-seulement par trop variés, mais encore parce qu'ils se développent à diverses époques ; — et l'éducation, généralement uniforme, commence et finit, pour la plupart d'entre nous, dans les mêmes périodes de la vie. Eh bien, si l'éducation, ayant commencé trop tard pour moi, ne se conforme pas à mes dispositions et à mon tempérament, qui se sont développés trop tôt, quelque chose qu'elle me dise et de quelque façon qu'elle me parle du but de la vie et de ma destinée, la précocité de mes dispositions et de mon tempérament me souffleront autre chose.

De là : confusion, désaccord, arbitraire.

2° Les instituteurs de talent, perspicaces et consciencieux, sont aussi rares que les médecins perspicaces, les artistes habiles et les législateurs distingués : leur nombre n'est pas en rapport avec la masse des hommes qui demandent de l'éducation.

Mais le grand mal n'est pas encore là. Si notre éducation, avec toutes ses imperfections, était au moins ajustée au développement de nos dispositions, nous pourrions plus tard résoudre nous-mêmes par instinct les questions fondamentales de la vie. Le bien et le mal sont en nous à peu près en équilibre. Ainsi, nous n'avons aucune raison de croire que nos dispositions innées, celles-mêmes qui sont peu développées par l'éducation, nous entraînent plutôt vers le mal que vers le bien. Avec cela, les lois d'une société bien organisée, en nous inspirant confiance en la justice et en la perspicacité de ceux qui l'administrent, sauraient écarter les dernières tendances vers le mal.

Le grand mal, le voici :

Les bases les plus essentielles de notre éducation se trouvent en désaccord complet avec la direction suivie par la société.

Rappelons-nous encore une fois que nous sommes chrétiens, et que par conséquent notre éducation a et doit avoir pour base la révélation.

En effet, ce n'est pas en vain que tous, depuis notre enfance, nous sommes familiarisés avec la pensée de la vie au delà du tombeau ; — non, ce n'est pas en vain que tous, nous devons considérer le présent comme une préparation à l'avenir.

Or, en sondant la direction de notre société, nous ne trouvons pas dans sa conduite la moindre trace de cette pensée : du moins dans toutes les manifestations de la vie pratique et en partie même de la vie intellectuelle. Nous voyons une tendance matérialiste et à peu près mercantile fortement prononcée, ayant pour base l'idée du bonheur et des jouissances dans la vie d'ici-bas.

Elevés dans l'esprit de la doctrine chrétienne, que voyons-nous à notre sortie du collége, dans le monde?

Nous voyons la société divisée en groupes ou catégories, comme à l'époque du paganisme, avec cette différence : que les divers groupes de la société païenne se laissaient entraîner, au sujet de la religion et de la morale, par les diverses convictions existant dans les différentes écoles, et qu'elles agissaient suivant ces principes avec conséquence, tandis que les nôtres agissent selon les aspects de la vie, arbitrairement admis, et en plein désaccord avec les bases religieuses de l'éducation, ou sans aucun principe.

Nous voyons que la plus grande masse se meut, sans s'en rendre compte, par la force de l'inertie, selon l'impulsion qui lui est imprimée. Le sentiment de notre individualité une fois développé, nous répugnons à nous attacher à cette masse.

Nous voyons d'autres groupes beaucoup moins grands qui sont aussi plus ou moins entraînés dans la direction de la grande masse, mais qui, en même temps, ont leurs manières propres de considérer la vie et tâchent tantôt de combattre l'impulsion, tantôt de justifier à leurs propres yeux leur faiblesse et leur manque d'énergie.

Quant aux vues qui guident ces groupes, on en trouvera beaucoup.

L'examen nous prouvera facilement qu'ils ont les mêmes principes qui ont été en vigueur dans l'épicurisme, le pyrrhonisme, le cynisme, le platonisme et l'éclectisme, lesquels guidaient la conduite de la société païenne, mais sans racines, sans force vitale, et en désaccord avec les vérités éternelles, apportées sur la terre par le Verbe incarné.

Voici, par exemple, un premier aspect de la vie bien simple et bien attrayant : Ne réfléchissez pas, ne discutez pas ce qui est inexplicable ; c'est pour le moins une perte de temps. A force de penser, on peut perdre l'appétit, ainsi que le sommeil ; or, il nous faut du temps pour le travail et les jouissances, de l'appétit pour les jouissances et le travail, et des jouissances pour le bonheur.

Autre aspect, aspect élevé : Étudiez, lisez, réfléchissez et tirez de toutes choses ce qu'il y a de plus utile. Quand votre esprit se sera éclairé, vous saurez qui vous êtes, vous comprendrez tout ce qui semble inexplicable à la multitude ; devenu plus intelligent, croyez-moi, vous agirez mieux. Alors vous n'aurez qu'à vous en remettre à votre raison, et vous ne manquerez jamais votre but.

Troisième aspect, celui des *vieux croyants :* Observez le plus strictement possible tous les rites et toutes les croyances. Lisez seulement des livres de piété, mais n'en sondez pas le sens : c'est essentiel pour la tranquillité de l'âme ; après quoi vivez sans réfléchir, comme l'occasion s'en présentera.

Quatrième aspect, il est pratique : Travaillez pour remplir les devoirs de votre condition, et amassez un pécule pour les mauvais jours. Dans les cas douteux, si vos devoirs se contredisent, choisissez ce qu'il y a de plus avantageux pour vous, ou au moins ce qu'il y a de moins nuisible ; du reste, laissez à chacun le soin de faire son salut comme il l'entend. Quant aux convictions, qu'il en soit comme des goûts : n'en disputez pas. Quand on a les poches pleines, on peut très-bien vivre sans convictions.

Cinquième aspect, pratique aussi dans son genre : Vous

voulez être heureux? Eh bien, pensez ce que vous voulez et comme il vous plaît; mais observez rigoureusement toutes les convenances et ayez du savoir-vivre; ne dites jamais de mal de vos chefs, et des gens dont vous avez besoin; n'allez pas les contredire en quoi que ce soit; ayez soin surtout de ne pas vous échauffer dans l'accomplissement de vos devoirs; l'excès de zèle est malsain et ne sert à rien. Parlez pour masquer vos pensées; si vous ne voulez pas servir de bête de somme aux autres, montez vous-même dessus, et, tout en vous taisant, riez dans votre barbe.

Voici un sixième aspect, un aspect bien triste: Ne vous démenez pas; vous n'inventerez rien de meilleur. Dans le monde, il n'y a de nouveau que ce qui avait été bien oublié. Ce qui doit venir viendra, vous êtes là comme un ver sur un monceau de boue; vous êtes ridicule et pitoyable, quand vous vous imaginez tendre à la perfection et être de la société des progressistes. Spectateur et comédien malgré vous, vous avez beau vous agiter, vous ne ferez rien de meilleur; écureuil dans une roue, êtes-vous plaisant de croire que vous avancez en courant? Ne sachant pas d'où vous êtes, vous allez, vous mourrez sans savoir pourquoi vous avez vécu.

Voici un septième aspect, il est riant: Travaillez pour faire du mouvement, et jouissez tant que vous vivrez; cherchez le bonheur, mais n'allez pas le chercher loin, vous l'avez sous la main. Pourquoi voulez-vous une vie encore meilleure? Tout se fait pour le bien; le mal, ce n'est qu'une illusion catoptrique pour vous distraire, — c'est une ombre qui n'est là que pour nous faire mieux jouir de la lumière. Profitez du présent, et vous pourrez vivre à souhait.

Voici un huitième aspect; il est bien raisonnable, celui-ci: Séparez la théorie d'avec la pratique. Admettez telle théorie que vous voudrez pour votre distraction, mais dans la pratique, avant tout, informez-vous quel rôle vous convient le mieux ; et quand vous l'aurez appris — ce rôle, — soutenez-le jusqu'au bout. Le bonheur, c'est un art ; l'avez-vous atteint par le labeur et le talent ? ne vous oubliez pas. Avez-vous manqué le but ? ne vous plaignez pas et ne vous désolez pas ; ne voguez pas contre le courant ; etc., etc.

En nous persuadant, à notre entrée dans le monde, de ce désaccord entre l'idée fondamentale de notre éducation et la direction de la société, il ne nous reste plus rien à faire que de nous jeter dans l'une de ces trois extrémités :

Ou nous nous attachons à un des groupes, en perdant ainsi l'avantage moral de notre éducation, et alors nous nous laissons entraîner par la tendance matérielle de la société, nous oublions l'idée fondamentale de la révélation ; quelquefois seulement pour un instant, dans des moments décisifs de la vie, nous avons recours à son action salutaire pour nous fortifier et nous consoler pendant quelque temps ;

Ou bien nous devenons hostiles à la société ; fidèles encore à l'idée fondamentale de la doctrine chrétienne, nous nous sentons étrangers dans ce monde du paganisme mutilé à la façon du jour, nous regardons avec méfiance les vertus des autres, nous formons des sectes, nous cherchons des prosélytes, nous devenons des contempteurs sombres et des hommes d'un abord impossible ;

Ou, enfin, nous nous livrons au hasard. N'ayant pas la force de volonté pour tenir ferme contre la tendance de la société, n'étant pas assez insensibles pour renoncer tout à fait aux consolations salutaires de la révélation, assez immoraux et assez ingrats pour rejeter tout ce qui est sublime et saint, nous laissons les questions fondamentales de la vie non résolues, nous prenons pour guide le hasard, nous passons d'un groupe à un autre, nous rions et nous pleurons avec eux pour nous distraire ; nous chancelons, et nous nous fourvoyons dans un labyrinthe d'inconséquences et de contradictions.

Si nous nous sommes exposés à la première extrémité, nous nous attachons précisément à ce groupe vers lequel nous attirent le plus nos dispositions innées et notre tempérament.

Si nous sommes nés robustes et par trop robustes, si notre physique s'est développé avec énergie, si la sensualité prédomine chez nous, nous penchons vers l'aspect attrayant ou l'aspect riant.

Si notre imagination ne domine pas notre esprit, si l'instinct ne surmonte pas la raison, et si notre éducation est spéciale, nous admettons l'aspect raisonnable et pratique.

Si, au contraire, avec une constitution faible et nerveuse, la rêverie forme le trait principal de notre caractère, si l'instinct est gouverné non par la raison, mais par l'imagination, et si d'ailleurs l'éducation n'est pas spéciale, alors nous marchons tantôt vers l'aspect religieux et tantôt vers l'aspect triste, ou bien nous passons du triste au riant et même à l'attrayant.

Si, enfin, l'éducation a fait de l'enfant une vieille femme, ne l'ayant laissé devenir ni un homme, ni une femme, ni même un vieillard ; si, avec un esprit terne, c'est l'imagination qui prédomine, ou s'il a, avec une imagination terne, un esprit émoussé, alors le choix tombe sur l'aspect religieux de fausse apparence.

Dans la vie, les circonstances, les avantages matériels, la sphère et le lieu de notre activité, la faiblesse de la volonté, l'état de la santé nous font souvent changer d'aspect et nous rendent alternativement adeptes fervents des uns et des autres.

Si quelqu'un de nous, aussitôt entré dans le monde, ou bien plus tard, dans ses transitions d'un groupe à un autre, fixe enfin son choix, cela veut dire qu'il a perdu toute aptitude à se changer ou à refaire son éducation ; cela veut dire qu'il a résolu de son mieux, ou au gré de ses désirs, les questions fondamentales de la vie. Il s'est tracé à lui-même le but, ainsi que la destination et la vocation ; il s'est fondu avec l'un des groupes ; il est heureux à sa guise. L'humanité a assurément peu gagné à l'acquisition de ce nouvel adepte, mais aussi elle n'y a rien perdu.

Si chacun de nous terminait toujours sa carrière par un tel choix d'un groupe ou d'un principe, si les voies et les directions des adeptes des divers principes allaient toujours parallèlement entre elles, ainsi qu'avec la direction de la grande foule mue par la force de l'inertie, tout en viendrait là : que la société resterait éternellement divisée entre un grand groupe et plusieurs autres comparativement petits, aucune collision entre elles ne serait à redouter, tous auraient parfaitement oublié ce que l'éducation leur aurait prêché ; elle ne serait plus qu'un billet d'entrée au théâtre ; tout marcherait tranquillement, il n'y aurait aucun sujet de plainte.

Mais voici le mal :

Les gens qui ont des prétentions à l'esprit, au sentiment, à la volonté morale sont quelquefois trop impressionnables aux bases morales de notre éducation, trop pénétrants pour ne pas s'apercevoir, à leur entrée dans le monde, de la différence tranchante entre ces bases et la direction de la société, trop consciencieux pour abandonner sans regret et sans murmure le sublime et le sacré, trop difficiles pour se contenter du choix qu'ils auraient fait à peu près malgré eux ou par inexpérience. Mécontents, ils rompent vite avec ce qui les entoure, et en passant d'un groupe à un autre, ils sondent, ils comparent, ils éprouvent, ils fouillent de plus en plus dans les replis de leur âme ; et, non satisfaits de la tendance de la société, ne trouvent guère plus de calme en eux-mêmes, cherchent à concilier les contradictions criantes, les abandonnent alternativement, travaillent avec enthousiasme et abnégation à résoudre des grandes questions de la vie ; tâchent, à quelque prix que ce soit, de refaire leur éducation et s'efforcent de frayer des voies nouvelles. Les hommes nés avec une sensibilité prédominante, de la vivacité de l'esprit et de la faiblesse de volonté, ne supportent pas cette lutte intérieure, se lassent, se livrent au hasard et errent çà et là, prêts à s'attacher à ce qu'ils rencontrent, et ils deviennent, selon leurs capacités, tantôt des serviteurs infidèles, tantôt les maîtres chancelants d'un groupe ou d'un autre.

D'un autre côté, les adeptes satisfaits et fervents de divers principes ne marchent parallèlement ni avec la masse ni avec les autres groupes. Leurs voies se croisent et s'entre-choquent. Les moins fervents, en suivant à moitié plusieurs principes à la fois, forment de nouvelles combinaisons.

Quelque fermes que soient les fondements politiques de la société, ce désaccord des sectaires avec la masse inerte, cette rupture entre les bases religieuses et morales de notre éducation d'une part, et la voie de la société de l'autre, pourront tôt ou tard ébranler la société.

Pour comble de mal, ces bases ne sont point fermes dans toutes les sociétés ; les foules mouvantes sont colossales, et les gouvernements, — l'histoire nous l'apprend, — n'ont pas toujours la vue perçante.

Il n'existe que trois voies ou moyens de tirer l'humanité de cette position fausse et dangereuse :

Ou concilier les bases morales de l'éducation avec la direction actuelle de la société ;

Ou changer la direction de la société ;

Ou, enfin, nous prédisposer par l'éducation à la lutte intérieure, lutte inévitable et décisive, en mettant à notre portée tous les moyens, et en nous inspirant toute l'énergie qu'il faut pour un combat inégal.

Suivre la première voie serait mutiler ce qui nous reste encore ici bas de saint, de pur et de sublime. Ce n'est que la morale élastique des pharisiens et des jésuites qui peut tailler le sublime sur l'abject, et concilier arbitrairement les vérités éternelles de la religion et de la morale avec les intérêts mercantiles et sensuels qui prédominent dans la société. L'histoire nous a montré à quoi ont abouti les essais de la papauté sous le masque du jésuitisme, ainsi que ceux des ultra-réformateurs et des encyclopédistes qui ont cheminé dans ces sentiers d'égarements humains.

Changer la direction de la société, c'est l'affaire de la Providence et du temps. Reste donc la troisième voie. Elle est difficile, mais praticable; le choix fait, bien des instituteurs auront d'abord à refaire leur éducation.

Nous préparer dès notre jeunesse à cette lutte intérieure, voilà justement ce que signifie :

Nous rendre hommes, c'est-à-dire faire une chose à laquelle ne parviendra aucune de ces écoles spéciales qui ont soin de faire de nous, dès notre enfance, des négociants, des soldats, des marins, des prêtres ou des légistes.

Il n'est point réservé à l'homme, il ne lui est point donné assez de forces morales pour concentrer en même temps toute son attention et toute sa volonté sur des occupations qui exigent l'effort de facultés tout à fait diverses.

En courant deux lièvres, on n'en attrape aucun.

Sur quoi se base l'application de l'éducation spéciale au plus bas âge?

De deux choses l'une : ou à l'école spéciale affectée aux différents âges (dès la plus tendre enfance jusqu'à l'adolescence) l'éducation des premiers âges ne diffère en rien de l'écucation commune généralement admise;

Ou l'éducation de cette école, du commencement à la fin, est tout à fait distincte, exclusivement dirigée vers un but précis, déterminé, vers un but pratique.

Dans le premier cas, les parents n'ont nullement besoin de placer les enfants avant l'adolescence dans les écoles spéciales, alors même qu'ils auraient arbitrairement destiné leurs enfants, dès les langes, coûte que coûte, à l'une ou à l'autre caste de la société.

Dans l'autre cas, on peut affirmer hardiment que l'école spéciale, ayant pour but principal l'éducation pratique, ne peut faire tout ce qu'il faut pour former le moral de l'enfant à la lutte qu'il aura à subir à son entrée dans le monde.

Cette préparation, d'ailleurs, doit commencer justement dès l'âge où, aux écoles spéciales, toute l'attention des instituteurs se porte de préférence sur les moyens d'atteindre le but principal, le plus rapproché, ayant soin de ne point laisser échapper le temps, ni de mettre en retard l'éducation pratique. Les cours et les termes de l'étude sont déterminés. La carrière future est nettement tracée. L'élève lui-même, stimulé par l'exemple de ses compagnons, ne prend à tâche que de chercher à descendre plus vite dans l'arène pratique où l'imagination lui représente les récompenses officielles, l'intérêt pécuniaire et les autres idéals de la société contemporaine.

Peut-on espérer, répondez la main sur la conscience, qu'un adolescent se prépare à embrasser une carrière qui n'est pas de son propre choix, qu'il se laisse séduire par les avantages extérieurs et matériels de cette carrière à lui prédestinée, et qu'il puisse aussi, dans le même temps, se préparer sérieusement et avec zèle à la lutte intérieure contre soi-même et contre la direction entraînante du monde ?

Ne vous pressez pas avec l'application de votre spécialité. Laissez l'homme intérieur mûrir et prendre des forces ; l'homme extérieur aura encore le temps d'agir : éclos plus tard, mais gouverné par l'homme intérieur, il ne sera peut-être pas aussi adroit et aussi habile en faux-fuyants qu'un élève d'une école spéciale, mais en revanche on pourra plus sûrement compter sur lui ; il ne se chargera pas de choses qui passent sa portée.

Laissez l'homme intérieur se former par le travail et se développer, donnez-lui le temps et les moyens de subjuguer l'homme extérieur, et vous aurez des négociants et des soldats, des marins et des légistes, et, qui plus est, vous aurez des hommes et des citoyens. Cela signifie-t-il que je vous propose de fermer et de faire disparaître toutes les écoles spéciales?

Non, je ne fais que me déclarer contre deux extrêmes criants.

Pourquoi les parents disposent-ils si arbitrairement du sort de leurs enfants, qu'ils les prédestinent, à peine sortis du berceau, à la carrière qui, par divers calculs et combinaisons, leur semble la plus lucrative?

Pourquoi les écoles *spécialement techniques* se chargent-elles de l'éducation de ces âges où la civilisation humanitaire est bien plus essentielle que toutes les applications pratiques?

Qui a donné aux pères, aux mères et aux instituteurs le droit de disposer arbitrairement des dons bienfaisants dont le Créateur a doué les enfants?

Qui a fait connaître, qui a découvert que les enfants tiennent de la nature les capacités et la vocation pour jouer en société précisément le rôle auquel les parents eux-mêmes les destinent?

On a abandonné depuis longtemps l'usage barbare de marier les filles contre leur gré; les mariages involontaires et prématurés des fils avec leur avenir sont admis et encouragés; leur hymen forcé avec la science est fêté et célébré comme le mariage du doge avec la mer; comme s'il n'existe pas un autre moyen, une autre voie, un autre mécanisme pour l'éducation spéciale, comme s'il n'est pa possible de donner l'instruction spécialement pratique dans l'une ou dans l'autre branche de la science humaine, qu'en la propageant au préjudice de la civilisation humanitaire.

Pères et instituteurs, pensez-y et jugez vous-mêmes

Depuis l'antiquité païenne, il existe deux espèces de civilisations :

La civilisation humanitaire, et la civilisation spéciale ou technique.

Les philosophes d'Athènes et de Rhodes avaient le droit de tenir école pour la civilisation humaine; c'était non loin d'Athènes, parmi les sources limpides, qu'étaient placées, entourées de jardins, les principales d'entre elles.

Au milieu, se trouvait l'école des épicuriens; au nord, habitaient les adeptes de Platon ; et au midi, les écoliers d'Aristote. Les myrtes et les oliviers séparaient une doctrine d'avec une autre, et servaient de limite aux divers aspects de la vie et du monde! Maîtres et écoliers vivaient en société tous ensemble. En outre, il y avait entrée libre pour des tiers.

De toutes parts, même des contrées éloignées, affluaient des auditeurs désireux d'entendre la sagesse des précepteurs célèbres. La philosophie et l'éloquence étaient les deux principaux objets d'études. A cette époque, les sciences positives n'étaient pas toutes nettement séparées de la philosophie; elles étaient d'ordinaire enseignées avec elle : de sorte que la philosophie était regardée comme la base principale de toutes les sciences. Dieu, le monde et l'homme étaient les principaux objets des contemplations abstraites. L'éloquence était alors un art étroitement lié avec l'état civique et l'histoire du peuple. La philosophie et l'éloquence étaient alors réputées les objets les plus essentiels et indispensables dans la civilisation humaine.

Cela n'empêchait pas qu'il y eût en Grèce, ainsi qu'à Rome et en Égypte, des écoles spéciales. Les palestres et les gymnases de Grèce, placés sous la surveillance de la magistrature (tandis que les écoles des philosophes étaient des établissements privés, avec une administration et un enseignement exempts de l'intervention gouvernementale), s'occupaient principalement à préparer les élèves aux jeux

Olympiques et à d'autres jeux publics. A Rome, il y avait une école de droit; à Alexandrie, une école de sciences mathématiques et physiques, etc.

Au moyen âge, la religion chrétienne est devenue la première protectrice et la pépinière de la civilisation éteinte.

Le principe des universités et des écoles spéciales s'est formé graduellement dans les écoles des ordres monastiques. Les écoles spéciales de Paris et d'Oxford, affectées d'abord à l'enseignement de la philosophie et de la théologie, sous la protection du clergé, reçurent graduellement des droits spéciaux et des priviléges, et s'élevèrent au degré de premières universités de l'époque. Il est rapporté que, dans le treizième siècle, il y avait à l'Université de Paris plus de dix mille étudiants, et à celle d'Oxford plus de trente mille. Les écoles spéciales des monastères ne pouvaient plus faire concurrence à ce développement vigoureux de la civilisation humanitaire ou universitaire; elles tombèrent dès lors de plus en plus en décadence.

Enfin, dans les temps modernes, de front avec le perfectionnement de diverses branches de la science humaine et de l'état politique, les universités et les écoles spéciales ont graduellement atteint ce degré de développement où nous les voyons aujourd'hui. La différence de la destination et du but des uns et des autres s'est nettement déterminée. Les gouvernements de toutes les nations civilisées, l'ayant plus ou moins bien compris, ont consolidé par de nouveaux droits l'existence de ces pépinières de l'instruction publique.

En diverses contrées, au fur et à mesure des besoins temporaires, quelquefois accidentels, on voyait surgir et se naturaliser tantôt l'éducation universitaire ou humanitaire, tantôt l'éducation pratique ou spéciale.

Mais aucun gouvernement civilisé, quelque besoin qu'il eût de spécialistes, ne pouvait manquer de se convaincre de la nécessité absolue de l'éducation humanitaire. Il est vrai de dire que, dans quelques contrées, les Facultés universitaires se sont à peu près transformées en écoles spéciales, mais nulle part encore on n'a vu complétement disparaître leur tendance essentielle et primitive vers le but capital : l'éducation humanitaire. Ayant donc en vue cette voie directe spacieusement ouverte à la civilisation des hommes, pourquoi n'en profiterait-on pas? Pourquoi ne pas l'adapter encore mieux aux besoins pressants de l'époque? Pourquoi ne pas l'élargir et ne pas l'ouvrir davantage pour nous, qui avons tellement besoin de la vraie civilisation humanitaire?

Mais l'éducation humanitaire n'est pas confinée dans les universités, son domaine s'étend aussi sur les écoles universitaires préparatoires, dirigées vers le même but : le bien commun; instituées dans le même esprit et agissant selon le même caractère.

Tous ceux qui s'apprêtent à être citoyens utiles doivent, avant tout, apprendre à être hommes.

Par conséquent, tous, jusqu'à une certaine époque de la vie où se manifestent nettement leurs inclinations et leurs talents, doivent jouir des fruits de la même éducation morale et scientifique. Ce n'est pas pour rien que de longue main les connaissances d'un certain ordre sont appelées *humanités*, c'est-à-dire indispensables à chaque homme; ces connaissances, modifiées dans leurs formes à la suite de l'abolition du paganisme, du perfectionnement des sciences et du développement de l'état politique de diverses nations, n'en sont pas moins restées là comme des flambeaux éclairant la voie de la vie de l'homme ancien et de l'homme moderne.

Ainsi la direction, la voie dans laquelle doit s'accomplir la civilisation humanitaire pour tous et pour chacun, pour quiconque veut mériter le nom d'homme, est nettement désignée.

Elle est la plus naturelle et la plus aisée, elle est la plus commode pour les gouvernements et pour les sujets :

Pour les gouvernements, parce que tous les élèves se forment jusqu'à un certain âge en suivant la même direction, dans le même esprit, dans le même but ; par conséquent, l'éducation morale et scientifique de tous les citoyens futurs se trouve entre les mêmes mains : toutes les vues, toutes les bonnes intentions des gouvernements au sujet de la civilisation s'effectueront d'une manière conséquente, avec la même énergie et par des personnes du même ressort ;

Pour les sujets, parce que tous les élèves, avant de devenir citoyens, jouissent conjointement des mêmes droits et des mêmes avantages de l'éducation.

Si cette identité de l'esprit et des droits de l'éducation doit être regardée comme avantageuse, ce n'est pas parce qu'il semblerait nuisible de diviser la société en certaines corporations, qui tireraient leur origine de la diversité de l'éducation ; loin de là ; je vois dans l'encouragement des corporations un moyen de relever le moral des diverses classes, de leur inspirer de l'estime pour leur état, pour le cercle d'activité qui leur est désigné par le sort. Mais, pour que la société tire profit de l'esprit dominant des corporations, il ne faut contribuer à son développement que dès l'époque où celui de toutes les facultés intellectuelles du jeune homme aura atteint sa plénitude ; autrement, il serait à craindre que ce moyen ne fût aussi faussement compris que mal appliqué.

Il y a cependant des raisons majeures qui justifient l'existence des écoles spéciales dans toutes les contrées et chez tous les peuples. Parmi ces raisons se trouve le besoin, à peu près vital, de certaines nations d'avoir des citoyens spécialement civilisés dans les diverses branches des sciences, des arts indispensables à la prospérité, à l'existence même du pays, surtout au moment où il est mis en demeure de tirer parti le plus largement possible des fruits de la civilisation des jeunes spécialistes.

Mais, en premier lieu, pour un pays, quel qu'il soit, il n'existe pas de besoin plus essentiel et plus impérieux que le besoin d'hommes véritables : ici, la quantité ne tiendra pas contre la qualité, et si même elle l'emportait, elle n'en aura pas moins à se soumettre tôt ou tard, avec toute sa masse, à la puissance spirituelle de la qualité.

C'est un axiome historique.

En second lieu, la civilisation humanitaire ou universitaire n'exclut aucunement l'existence des écoles spéciales qui s'occuperaient à donner aux jeunes gens préparés déjà par l'éducation humanitaire une éducation pratique applicable à quelque état que ce soit.

Et il serait incomparablement plus avantageux à une école spéciale, ainsi qu'à la société entière, d'avoir à sa disposition des écoliers préparés en morale et en science dans le même esprit et dans la même direction.

Les maîtres des écoles auront à semer sur un terrain déjà défriché et cultivé; les écoliers auront plus de facilité à s'approprier les objets de l'enseignement ; enfin, le développement de l'esprit de corporation, le point d'honneur et l'idée de la dignité des états auxquels on se prépare dans ces écoles, viendront à temps et seront à la portée des jeunes gens suffisamment préparés par l'éducation humanitaire.

Quels sont d'ailleurs les objets qui forment le but essentiel de la civilisation spéciale ?

Ne sont-ce pas ceux dont l'étude exige un développement complet des facultés de l'âme, des forces physiques et des talents, ainsi que d'une vocation particulière ?

Eh bien ! pourquoi donc se hâter, se presser ainsi avec la civilisation spéciale ? Pourquoi la commencer si prématurément ? Pourquoi changer si vite les avantages de la civilisation humanitaire contre une spécialité d'application bornée ?

Les progrès gigantesques des sciences et des arts dans notre siècle ont rendu l'éducation spéciale indispensable à la société, je le sais bien ; mais, en revanche, les vrais spécialistes n'ont jamais eu, comme au temps où nous sommes, un besoin si impérieux d'être préparés par l'éducation humanitaire.

Un spécialiste borné est un empirique grossier ou un charlatan de place publique.

Ayant ainsi trouvé la direction la plus aisée et la plus naturelle pour conduire nos enfants qui se préparent à revêtir la haute dignité de l'homme, il nous reste encore l'objet principal, à résoudre une des questions de la vie les plus essentielles : *Par quels moyens, dans quelle voie les préparer à la lutte inévitable qu'ils ont à soutenir ?*

Quel doit être le jeune athlète qui se prépare à cette lutte fatale ? La première condition est qu'il doit tenir de la nature une certaine prétention à l'esprit et aux sentiments.

Jouissez de ces dons bienfaisants du Créateur, mais ne faites point de ceux qui les ont reçus en partage des adorateurs idiots de la lettre morte, des adversaires téméraires de l'autorité indispensable ici-bas, des partisans entêtés d'un grossier matérialisme, des prodigateurs enthousiastes des sentiments et de la volonté, et des adeptes froids de la raison : telle est la seconde condition.

Vous direz que ce sont là des lieux communs de rhétorique.

Mais la faute n'est pas à moi, si je ne puis sans cela exprimer cet idéal que je souhaite si sincèrement, si vivement d'atteindre pour mes enfants et pour les vôtres.

Ne me demandez rien de plus grand ; au-dessus de cela, je ne vois rien dans le monde.

Que vos pédagogues, avec une profonde connaissance de la chose, mieux doués que moi, avec un ardent amour de la vérité et du prochain, prennent à tâche de donner à nos enfants et aux vôtres ce que je voudrais sincèrement qu'ils possédassent, et je promets de ne plus déranger personne avec mes phrases de rhétorique; je garderai alors le silence, et en silence je prierai pour eux.

Croyez-moi, je l'ai éprouvée cette lutte fatale à laquelle je tiens à préparer peu à peu, et de bonne heure, nos enfants. La peur me prend quand je songe qu'ils ont à courir les mêmes dangers; y échapperont-ils avec le même succès? Priez et ne blâmez pas.

Vous ne voulez pas de thèse générale et abstraite; vous voulez une exposition détaillée de tout le mécanisme par lequel on pourrait atteindre le but désiré.

Un peu de patience, s'il vous plaît, et je vous ferai voir, d'abord en nature, comment nous nous préparions et nous nous préparons toujours à cette lutte, comment nous la soutenons dans l'arène de la vie, et alors, sans phrases de rhétorique, sans explications ultérieures, vous comprendrez peut-être mon mécanisme; en tout cas, il ne sera pas plus mauvais que celui qui est généralement admis.

Commençons *ab ovo*. Pour commencer, que chacun ou chacune de vous se figure qu'il est de ces membres de la société qui ont de la prétention à l'esprit et au sentiment. Figurez-vous que, grâce à d'autres personnes que vous pouvez n'avoir jamais vues, vous êtes venu, comme cela se fait, au monde.

On vous a baptisé; pour votre part, vous êtes devenu grand.

Peu à peu, vous avez conçu, Dieu seul sait pourquoi, le désir de vous reconnaître.

Jusqu'à présent vous formiez avec d'autres, vos semblables, dans tout l'univers, une classe d'heureuses créatures qui, par le Rédempteur lui-même, a été posée en modèle à l'humanité.

Maintenant que vous avez déjà grandi et que vous vous

êtes un peu reconnu, vous vous apercevez sous l'un des aspects suivants :

Vous vous êtes reconnu et vous vous apercevez en uniforme au collet rouge boutonné jusqu'au haut, parfaitement en règle. Auparavant aussi, vous avez entendu que vous êtes un garçon ; maintenant vous le voyez en effet.

Vous demandez qui vous êtes?

Vous apprenez que vous êtes un élève du lycée et, qu'avec le temps, vous pouvez devenir un savant, un fervent promoteur de la civilisation, un étudiant d'université, un bachelier, un licencié et même un directeur de l'école où vous étudiez; cela vous fait plaisir.

Voilà le premier aspect.

Vous vous êtes reconnu, et vous vous voyez en uniforme au collet vert, galon doré.

Vous demandez ce que cela veut dire.

On vous répond que vous êtes un écolier de l'École de droit, que vous serez sûrement un gardien de la loi et de la justice, un fonctionnaire actif, un président de tribunal supérieur; cela vous fait plaisir, vous en êtes flatté.

Voilà le deuxième aspect.

Vous vous êtes reconnu, et votre regard se fixe sur le liséré rouge ou blanc de votre uniforme et de votre collet; vous questionnez toujours.

On vous répond à haute voix que vous êtes destiné à défendre votre patrie; vous êtes un cadet, un officier futur, vous avez les chances de devenir un général, un amiral, un héros; vous êtes dans l'enchantement.

Vous vous êtes reconnue, et vous vous voyez en jupe; la coiffure, le tablier, la taille, tout est en règle. Auparavant aussi, vous aviez entendu que vous êtes une petite fille; maintenant vous le voyez en effet.

Vous êtes très-contente de n'être point un petit garçon, et vous faites une révérence.

Voilà le quatrième aspect, et cela n'est pas encore le dernier.

Quand vous avez appris tout cela, vous demandez ce que vous avez à faire.

On vous répond : Etudiez, obéissez et écoutez, allez régulièrement en classe, conduisez-vous décemment et répondez bien aux examens ; sans cela, vous ne serez bon à rien.

Vous étudiez, vous êtes assidu aux classes, vous vous conduisez d'une manière convenable et vous répondez bien aux examens.

Les années passent ; ayant grandi jusqu'au bout de votre croissance extérieure, vous commencez déjà à croître intérieurement.

Vous vous reconnaissez, en effet, comme un étudiant qui a fini son cours d'université, un légiste, un bureaucrate, un officier, une demoiselle à marier.

Cette fois-ci, vous ne demandez plus qui vous êtes et ce que vous avez à faire. Vous le comprenez déjà vous-même, et vous devez savoir ce qu'il y a à faire.

On vous disait d'aller à l'église ; on vous expliquait la révélation. Des inspecteurs privilégiés, des sous-inspecteurs, des gouverneurs et des patentés, et quelquefois les parents eux-mêmes, avaient l'œil sur votre conduite. Les sciences vous étaient exposées dans un esprit et sur une échelle indispensables aux citoyens éclairés ; les livres immoraux séquestrés par la censure ne parvenaient jamais jusqu'à vous. Les pères, les tuteurs, les protecteurs haut placés et la bienfaisance du gouvernement vous ont ouvert la carrière.

Il semble qu'après une telle culture, il ne vous reste qu'à faire ce que ceux qui ont pris soin de vous avaient envie que vous fissiez.

Cela veut dire que vous eussiez, comme une corde d'instrument de musique, à produire un certain son : or, vibrer dans l'harmonie générale, convenez-en, est une haute vocation. Après cela, que semblerait-il manquer à votre bonheur et au bien-être de la société entière?

Il en résulte autre chose. Vous venez d'atteindre la période de la vie où l'esprit et les sens commencent à vous troubler : le premier, en vous posant des questions telles que vous n'êtes pas en état de les résoudre ; les seconds, en stimulant sans cesse contre vous les instincts et la sensualité.

Vous commencez à sonder et à analyser ce que l'on vous avait enseigné et ce qui se fait autour de vous.

Vous vous rappelez : on vous a appris qu'il existait autrefois un autre monde où les hommes pensaient et agissaient d'une manière immorale, ils vivaient ici-bas pour vivre, ils buvaient, mangeaient, allaient au bain, goûtaient le repos, se battaient, faisaient des fredaines à tête perdue.

On vous a appris que parmi eux il y avait aussi des héros, des citoyens notables, des modèles de vertu, des protecteurs des sciences et des arts, mais la plupart d'entre eux n'en marchaient pas moins dans les ténèbres, ne connaissant rien de mieux que la vie d'ici-bas. Leur enfer et leurs Champs Élysées se trouvaient aussi quelque part sur la terre ou sous la terre, et encore n'étaient-ils point pour des âmes, mais pour des ombres.

On vous a appris que le Verbe incarné a mis un terme à la licence déraisonnable de l'esprit et des sens.

Le monde a reçu la révélation. On vous a enseigné que la révélation, ayant soulevé le voile mystérieux, a montré l'horizon lointain de la vie actuelle et a dit : Dirigez-vous là.

Vous avez appris à l'école et avez dû y apprendre quel gouffre vous sépare des ruines de ce monde démoli, qui ne cherchait que dans lui-même des entraves à ses passions, n'ayant point d'avenir au delà de ses limites.

Plein d'amour pour la doctrine de la grâce révélée, vous regardez autour de vous, et que voyez-vous?

Vous voyez qu'autour de vous, on s'adonne aux mêmes bacchanales sordides du paganisme, lesquelles, d'après la révélation, sont un obstacle au vrai bonheur.

Entré dans l'arène de la vie, vous voyez tout le monde courir en Californie.

Vous le voyez clairement, et il vous vient involontairement à l'idée que vous êtes mystifié.

Il est tout naturel que vous ne vouliez pas rester longtemps en cet état.

Vous commencez à sonder plus profondément encore ce qui vous entoure, à analyser ; et enfin vous apercevez distinctement devant vous une foule bien nombreuse, entraînée sans pouvoir s'en rendre compte, par une force invisible, et quelques foules ou groupes, mais qui n'agissent pas sans connaissance de cause.

Vous commencerez à faire connaissance avec les aspects et les actes de ces groupes d'actions.

Cela vous intéresse d'abord, mais bientôt vous vous voyez exposé à cette alternative désespérante :

Ou d'étouffer en vous la voix de la doctrine évangélique ;

Ou de vous attacher à l'un de ces groupes.

Mais vous n'êtes un athlète ni du sacrilége ni de l'abnégation : vous commencez à chanceler, à vous affliger, à murmurer ; et le temps presse, il faut agir. Vous vous jetez dans une des foules, dans la première qui se trouve là, et vous devenez son fervent adepte.

Non satisfait, vous passez à une autre, à une troisième. Enfin, il arrive pour vous la plus critique période de la vie.

Il faut absolument vous tirer au clair : savoir, d'une manière positive, qui vous êtes. Faut-il vous attacher définitivement à l'une des foules, ou vous mettre en lutte avec toutes ?

Vous prenez le premier parti ? Je vous salue, je n'ai plus rien à démêler avec vous.

Vous prenez le second parti, mais y êtes-vous prêt? Où sont vos moyens et vos forces?

Après quelques réflexions là-dessus, vous vous convainquez que, pour cette lutte, vous avez auparavant à refaire votre éducation. Ayant pris cette résolution, vous jetez encore un regard sur votre vie passée, et, peu à peu, vous parvenez à savoir que vous subissez de deux choses l'une : ou votre homme intérieur, s'étant trop tôt et trop vite développé, a pris trop de terrain sur l'homme extérieur, et, ne voulant jamais reposer en lui, se précipitant sans cesse au dehors, agissait en despote; ou bien l'homme extérieur désordonné jouait de l'arbitraire, faisait des fredaines sans jamais se soumettre à l'homme intérieur.

Nos instituteurs étaient ou trop myopes ou trop occupés, et ne se sont point aperçus de ce qui se passait en vous. Ainsi s'écoule l'adolescence. Votre homme intérieur ou extérieur, s'étant enfin convaincu que c'est bien contre lui-même qu'il agit, est devenu, de guerre lasse, peu à peu raisonnable.

Ayant pris l'habitude de vous sonder un peu, vous voyez qu'il ne vous reste que l'alternative ci-après :

Ou de dire un éternel adieu à l'abstraction, ne point essayer de vous sonder davantage, vous enfermer dans le haubert de la formalité, revêtir la vie d'un habit d'uniforme, d'une jupe empesée, et désormais de démêler dans le livre de votre existence non plus le sens, mais la lettre morte.

Ou bien, depuis le matin jusque dans la nuit, fouillant dans les replis du cœur, guettant tous les moments de la liberté morale de votre âme, la forcer de résoudre les questions de la vie par une lutte contre elle-même et ses alentours.

Et voilà qu'ayant passé la moitié de la vie, ayant subi l'influence de divers aspects, ayant entrepris, quoi qu'il en coûte, de refaire votre éducation, ayant démêlé le passé, vous vous êtes arrêté dans le carrefour de votre carrière. La paresse et la peur vous surmontent; la jouissance, sous l'égide du bonheur de ce monde, de la formalité tranquille, vous invite sur un autre sentier. Des milliers de circonstances se groupent d'une manière si attrayante autour de vous, que tous vos projets de résoudre les questions de la vie, qui s'étaient rangées avec tant d'harmonie en fil continu devant vous, commencent à chanceler et à se dérouler. Vous vous êtes cru un moment déjà convaincu. Vous vous convainquez que les convictions ne se donnent pas à chacun. C'est un don du ciel qui exige une exploitation redoublée. Avant qu'il vous prît le désir d'avoir des convictions, il eût fallu vous enquérir si vous pouviez en avoir.

Celui-là seul peut en avoir qui est *habitué dès l'âge tendre à se regarder avec pénétration, qui est habitué dès le premier âge de la vie à aimer sincèrement la vérité, à la défendre à tout prix, et à être absolument sincère avec ses précepteurs et ses camarades.* Sans ces qualités, vous n'aurez jamais aucune conviction.

Et ces qualités se gagnent par la foi, l'inspiration, la liberté morale de la pensée, la faculté de l'abstraction, l'exercice dans l'étude de soi-même.

Vous êtes arrivé maintenant aux premières, aux principales bases de l'éducation réellement humanitaire, sans lesquelles on peut certainement former d'habiles artistes dans toutes les branches de nos connaissances, mais jamais des hommes véritables.

Vous vous voyez ainsi réduit à acquérir avec une peine incroyable la chose qui, dès votre entrée dans la carrière de la vie, eût dû être votre propriété imprescriptible. Ne serait-il pas mieux de retourner sur ses pas, d'essayer encore de s'attacher à l'une ou à l'autre foule, et d'être heureux à sa guise?

Avoir passé la moitié de la vie sans se connaître, c'est mal.

C'est mieux toutefois que de mourir sans s'être connu. Vous vous remettez à l'œuvre, vous commencez à développer en vous l'aptitude aux convictions, et vous vous convainquez bientôt de n'avoir touché ainsi qu'une corde de la connaissance de soi-même. Or, pour engager la lutte, vous devez posséder cette connaissance en entier.

. Et voilà que vous vous placez en observateur au cratère incommensurable de l'âme, et vous n'avez pas encore épié ces instants au vol rapide où s'apaise l'éruption de la lave éternellement bouillonnante, ayant peur de jeter même un regard fugitif dans cette profondeur effrayante.

Vous tentez d'engager la lutte, et vous vous convainquez que vous ne savez pas la conduire *sans animosité*, que vous ne savez pas *aimer impartialement* la chose contre laquelle vous luttez, que vous ne savez pas *apprécier suffisamment* ce que vous voulez vaincre.

Mais pour aimer la chose contre laquelle vous luttez, et pour persister dans une telle lutte, il vous faut encore une qualité :

Il vous faut *l'aptitude à faire le sacrifice de vous-même.*

Tant que vous ne l'aurez pas développée en vous laissant entraîner par le seul instinct du sublime, par un instinct confus et sans connaissance de cause, vous n'êtes qu'un chercheur d'émotions fortes.

Qui ne s'étonne de voir combien ce mal des temps de la chevalerie s'est propagé dans notre siècle de réalisme ! Ainsi convainquez-vous qu'il n'y a point au monde d'impulsion matérielle qui puisse anéantir l'inspiration dans l'homme.

La quête d'émotions fortes est une de ses manifestations anormales.

La tristesse, ou comme qui dirait une nostalgie, s'empare de vous ; vous sentez un vide, il vous manque quelque chose, vous avez besoin de l'inspiration et de la sympathie.

Elle est lumineuse et solennelle, l'inspiration, comme un habit de fête ; elle revêt l'esprit en l'élançant vers le ciel.

Elle est langoureuse, calme, la sympathie, comme une chanson mélancolique ; elle rappelle le pays natal éloigné.

Quelle lutte peut s'accomplir sans inspiration et sans sympathie ? Quelle lutte vous paraîtra insoutenable quand l'inspiration vous aura couvert de son ombre, quand la sympathie vous aura vivifié de sa chaleur ?

Si les adeptes de la direction mercantile, dans notre société de réalistes, nous donnent à entendre en souriant qu'on n'a plus maintenant besoin d'inspiration, ils ne savent pas quel triste destin les attend dans l'avenir, blasés qu'ils sont, ayant perdu le don céleste, ce bien unique qui nous attache à l'Être suprême. Tous, ceux mêmes qui n'en ont pas besoin, cherchent l'inspiration ; mais ils la cherchent comme les derviches et les *chamons :* chacun à sa guise.

Sans inspiration, point de volonté ; sans volonté, point de lutte ; et sans lutte, nullité et arbitraire.

Sans l'inspiration, l'esprit est faible et myope.

Par l'inspiration, nous pénétrons la profondeur de notre âme, et, l'ayant pénétrée, nous en rapportons la conviction qu'il existe en nous une sainte alliance.

Ayant besoin de sympathie, vous pensez involontairement ainsi : Puis-je espérer que l'on me témoignera de la sympathie, que d'autres prendront la peine d'apprendre à me connaître, quand il m'a coûté tant de peine, de luttes et d'efforts pour obtenir de mon âme la permission d'y plonger un regard, et cela encore à la dérobée.

Ayant fait plus de la moitié de la vie, ayant passé par l'école de l'étude de soi-même et ayant appris à connaître la masse et les groupes, et à se sacrifier, ne serait-il pas mieux de se borner à accomplir sa vocation, en exécuteur froid et exact jusqu'au pied de la lettre ; n'éprouvant de la sympathie pour les autres que par devoir et sans en réclamer aucune réciprocité?

Vous vous ressouvenez involontairement quel intérêt l'humanité a pris au sort des meilleurs de ses amis, lorsque, pleins de la conscience du sublime, ils étaient entraînés par l'inspiration et la sympathie. Dès l'origine, elle n'a jamais été qu'un chercheur d'émotions fortes. Quel bien a-t-elle jamais reçu des mains de ses bienfaiteurs sans l'avoir baigné dans le sang?

Ce n'est pas le Verbe incarné, charité et paix, c'est l'homme aux œuvres sanguinaires, Barrabas, qui inspira de l'intérêt. Mais la postérité, l'immortalité terrestre, ne devons-nous pas faire cas de sa sympathie?

Oui, tout ce qui vit sur la terre de la vie animale et spirituelle à la fois manifeste l'idée de la postérité, aussi bien dans les instincts grossiers que dans l'idéal du sublime, et tend, avec ou sans connaissance de cause, à y vivre. Ah! si la connaissance de soi-même, ne fût-ce qu'à ce degré, pouvait être développée dans les foules qui fuient l'abstraction! Pour peu que l'idée de l'immortalité les eût animées, l'existence terrestre de l'humanité se serait remplie d'œuvres devant lesquelles la postérité se serait inclinée avec vénération. Alors l'histoire, que l'humanité laisse jusqu'à présent sans application, aurait atteint son but, qui est de la sauvegarder et de l'inspirer.

Ne dites point qu'il n'est pas donné à tout le monde d'agir pour la postérité. Tout homme, dans son cercle, le peut; ce n'est que la vanité et la myopie qui ne recherchent que l'intérêt du présent.

Vous êtes parvenu à la conviction qu'en vivant ici-bas, vous êtes attaché à cette patrie par la part que vous avez à y prendre; vous avez à la chercher, cette part, mais, malgré ces recherches, vous devez vivre non dans le présent, mais dans la postérité.

Ainsi, le besoin de la sympathie une fois né en vous,

où le chercherez-vous, si ce n'est dans la postérité de tous, le genre humain, et dans votre propre famille?

Et voilà que, dans votre lutte, vous avez à résoudre encore une question de la vie.

Mais, avant de le faire, vous vous arrêtez encore une fois et de nouveau vous regardez involontairement en arrière : vous les voyez râpés depuis longtemps, l'uniforme et la jupe dans lesquels vous vous êtes vus, quand il vous était venu à l'idée de vous reconnaître pour la première fois dans la vie : ils sont et ils ne sont pas accomplis, ces présages dont un jour vous étiez tant ravis, en regardant votre uniforme ou votre corset, et en ressentant, sous ces enveloppes, une agitation si calme, si douce.

Vous vous rappelez le jour que, paré de votre uniforme ou serrée dans votre corset, vous avez paru en grande tenue sur l'arène du monde, joyeux que vous étiez de voir ce monde. L'affliction ne s'est point hâtée de vous contraindre à arroser des larmes de la misère votre pain quotidien. Des pensées soucieuses et des agitations de la vie journalière ne troublaient point votre jeune sommeil, vous aviez tant d'entrain pour tournoyer et vous livrer à la joie dans le branle bruyant de la foule!

Dans ces fumées de la grosse gaieté, il ne vous est jamais venu à l'idée que vous n'aviez pas encore reçu d'éducation. Comment cela pourrait-il se faire, quand la couleur de votre collet d'uniforme, le corset et la jupe qui revêtaient avec grâce votre stature, les langues étrangères que vous lisiez et que vous parliez lestement, les livres de morale et de science qui vous ont servi de manuel d'étude, le piano que vous touchez avec facilité, vous faisaient voir si clairement que votre éducation ne laissait rien à désirer?

Il se passa quelques années dans cette conviction; votre esprit et votre sentiment qui, grâce au sort, n'ont pas encore eu le temps de devenir sourds et muets par l'effet du bruit et de l'allégresse, ont commencé à vous souffler quelque chose comme des préceptes.

Vous avez jeté un regard scrutateur sur les foules tournoyantes avec lesquelles, jusqu'alors, vous aviez tournoyé sans vous en rendre compte. Elle s'est découverte à vos yeux, la nuit de l'existence terrestre. En errant parmi les groupes enchantés, il ne vous était pas aisé de sortir des bacchanales qui vous ensorcelaient et de parvenir au grand jour. En faisant des tentatives et des chutes, vous vous êtes arrêté pour reprendre force, et vous vous demandez où vous étiez, où vous allez, ce que vous voulez ?

Ce n'est que maintenant enfin qu'a commencé pour vous la chose par laquelle vous aviez à commencer depuis longtemps ; non, je me trompe, pas vous, mais ceux qui vous ont lancé dans l'orgie tumultueuse, au festin de la licence. En condamnant le passé, en lutte avec vous-même, vous avez commencé à refaire votre éducation. En travaillant et en fouillant dans l'âme, vous êtes arrivé aux convictions, vous avez appris à vous sacrifier ; la lutte vous alarme déjà moins... A grand'peine, vous êtes enfin arrivé à un certain degré de la connaissance de vous-même, et voilà que l'inspiration vous couvre de son ombre.

La moitié de la vie s'est écoulée. Dans les moments de l'inspiration, lorsque vous aviez la faculté de jeter un profond et pénétrant regard en dedans de vous-même, il s'est découvert devant vous une source mystérieuse dont les flots devaient vous rafraîchir pendant la lutte. Le pressentiment de l'éternité éloignée, vous l'avez transporté aussi sur l'existence terrestre ; le soupir après la patrie lointaine vous a rappelé de chercher la sympathie.

Vous vous êtes convaincu qu'en vous mettant en quête des sympathies terrestres, vous voulez faire paraître l'idée de l'immortalité dans la famille et dans la société. Vous avez à résoudre cette question : Comment organiser votre existence de famille, et comment trouver des sympathies parmi les vôtres?

Eh bien, si vous n'êtes pas compris de celle en qui vous voulez trouver sympathie aux convictions si chèrement acquises, de celle en qui vous cherchez une collaboratrice dans la lutte pour l'idéal; un regard sur le passé vous rappellera que vous ne devez permettre ni au hasard, ni à l'arbitraire, ni à la cupide sensualité de prononcer l'arrêt : il retentira dans un quart de siècle sur la postérité qui, peut-être, foulera de ses pieds vos cendres oubliées depuis longtemps.

Que ferez-vous si votre femme, calme et insouciante dans le cercle de la famille, regarde avec le sourire stupide d'un idiot, votre lutte providentielle; ou bien si, comme Marthe, prodiguant tout ce qu'il y a de soins domestiques, elle n'est pénétrée que de la seule pensée de vous être agréable, et d'améliorer votre existence terrestre, votre bien-être matériel? Que ferez-vous, si, comme celle de Xantippe, elle est placée par le destin pour éprouver la fermeté et la constance de votre volonté?... Que ferez-vous, si, en prenant à tâche d'annuler vos convictions achetées par le travail et la lutte de la moitié de la vie, que vous avez mise à refaire votre éducation, elle ne réalise pas même l'idée fondamentale qui doit présider à l'éducation des enfants?

Et savez-vous ce que signifie cette même question de la vie, pour une femme qui aurait le bonheur d'avoir résolu la question : En quoi consiste sa vocation? qui, ayant abandonné la direction triviale de la foule, conçoit d'une manière claire et précise que le but de la vie lui est désigné dans l'avenir?

Un homme, frustré de son espérance de sympathie dans son cercle de famille, quelque navrante et pénible que soit cette déception, peut encore se consoler en tant que l'expression de son idée, de ses actes, sera comprise par la postérité. Mais ce que doit sentir sa femme, chez qui le besoin d'aimer, de prendre part et de faire des sacrifices est sans comparaison plus développé, et à laquelle il manque encore de l'expérience pour supporter la déception avec plus de sang-froid : dites, comment se trouvera-t-elle dans l'arène de la vie au bras de celui sur le compte duquel elle s'est trompée d'une manière si lamentable, et qui, ayant foulé de ses pieds ses convictions consolatrices, se moque de ce qu'elle a de plus saint, plaisante de ses inspirations, et l'entraîne de la voie dans un carrefour obscène ?

Où sont les moyens d'éviter toutes ces suites amères de l'égarement ?

Où sont les moyens sûrs d'étouffer le cri qui demande la sympathie ?

Qu'est-ce qui peut garantir le succès ?

Ni l'âge des femmes, ni leur éducation, comme vous le voyez, ni l'expérience de la vie, ne sont de bonnes cautions.

La jeunesse les entraîne à la vanité ; l'éducation en fait des poupées ; l'expérience de la vie engendre l'hypocrisie.

Heureuse encore, la jeunesse dans laquelle la vanité n'a point tout à fait déraciné l'impressionnabilité de l'âme ; la jeunesse que le monde, avec ses convenances futiles, n'a pas encore eu le temps d'engourdir et de rendre inabordable aux convictions du sublime et du sacré ! Heureuse encore cette jeunesse, quand les escouades de jeunes et vieux galants, adeptes des aspects vacillants, en tirant parti de cette impressionnabilité, ne l'ont point rendue insensible aux sentiments élevés, n'ont point annulé la possibilité de se comprendre, de se former.

Que la femme, environnée de la nullité de la foule, se prosterne devant la Providence, quand, la main sur la conscience, elle aura senti que son jeune cœur palpite encore pour la sainte inspiration, prêt à se convaincre et à vivre dans un but abstrait.

Il est vrai qu' en entrant dans le monde, la femme, moins que l'homme, s'expose aux suites fâcheuses du désaccord des principes fondamentaux de l'éducation avec la direction de la société. Elle est plus rarement condamnée à gagner par le travail son pain quotidien, et à vivre dans une complète indépendance de l'homme. Le caractère mercantile de la société lui pèse moins. Dans le cercle de famille, est confié à sa garde cet âge de la vie qui ne balbutie pas encore de l'or ; mais, en revanche, l'éducation, d'ordinaire, la transforme en poupée. L'éducation, en la fagotant, l'expose aux regards des flâneurs, l'environne de coulisses et la fait fonctionner à ressorts, comme on le veut. La rouille corrode ses ressorts, et, à travers les fentes des coulisses usées et mises en pièces, elle commence à apercevoir ce qu'on avait tellement soin de lui cacher.

Est-il étonnant qu'il lui vienne alors l'idée d'essayer de marcher seule, comme l'homme. L'émancipation, voilà cette idée ; la chute, voilà le premier pas.

Que bien des choses lui restent inconnues ; elle doit être fière de les ignorer. N'est pas médecin qui veut. Chacun n'a pas à regarder les plaies de la société. Il n'est pas du devoir de chacun de fouiller dans les égouts, d'éprouver et de sentir ce qui est fétide. Cependant le développement précoce de l'intelligence et de la volonté sont aussi nécessaires à la femme qu'à l'homme. Pour adoucir de sa sympathie la vie de l'homme, pour l'accompagner dans la lutte, elle aussi a besoin de l'art de comprendre ; elle aussi a besoin d'une volonté indépendante pour se sacrifier, de l'intelligence pour faire le choix, et pour avoir l'idée claire et lucide du but de l'éducation des enfants.

Si les pédants féminins, en raisonnant sur l'émancipation, n'entendent que l'éducation des femmes, elles ont raison ; mais si elles entendent l'émancipation des droits sociaux de la femme, elles ne savent pas ce qu'elles veulent.

La femme est émancipée sans cela, et peut-être plus encore que l'homme, quoique, d'après nos lois, elle ne puisse devenir soldat, fonctionnaire, ministre. Mais, de son côté, l'homme peut-il devenir nourrice et mère, institutrice des enfants jusqu'à l'âge de huit ans? Et peut-il devenir le lien de la société, sa fleur et son ornement? Ce n'est que la vanité myope des hommes qui, en érigeant des autels aux héros, envisage la mère, la nourrice et la bonne comme une classe secondaire, assujettie. Ce n'est que le matérialisme mercantile et la sensualité ignorante qui voient dans la femme un être inférieur et sans pouvoir.

Tout ce qu'il y a de sublime, de beau, dans la vie, l'art, l'inspiration, la science, ne doit pas s'allier trop à la vie quotidienne, au risque de perdre sa pureté primitive, de dégénérer et de se ternir de poussière.

Que les femmes comprennent donc leur vocation sublime dans le vignoble de la vie humaine. Qu'elles comprennent qu'en ayant soin du berceau de l'homme, en organisant les jeux de son enfance, en habituant ses lèvres à balbutier les premières paroles ainsi que la première prière, elles deviennent les architectes principaux de la société. La pierre angulaire est posée de leurs mains. Le christianisme a découvert à la femme sa vocation; il a posé en modèle à l'humanité l'être à peine sevré de son sein. Marthe et Marie avaient une égale part aux paroles et aux conversations du Rédempteur.

Ce n'est pas la situation de la femme dans la société, c'est son éducation, dans laquelle est comprise l'éducation de la société entière, qui demande à être changée. Que l'idée de se former à cette œuvre, de vivre pour la lutte inévitable et des sacrifices, pénètre toute l'existence morale de la femme; que l'inspiration anime sa volonté, et elle apprendra où elle doit chercher son émancipation.

Mais lorsque ni l'âge ni l'éducation de la femme ne servent de garantie pour résoudre la question, le chercheur de la sympathie idéale aura encore moins de chance dans l'expérience de la vie.

Si cette expérience refroidit et dessèche l'homme qui n'avait point vécu d'abstraction; alors, blasé, refroidi, déçu par la vie, il fait rarement secret de ce qu'il a perdu sans retour. Mais la femme s'arme de dissimulation : c'est comme si elle avait honte d'elle-même en faisant connaître au monde ces suites amères de l'expérience. Elle les recouvre des décombres de l'autel démoli. L'instinct de la dissimulation et la propension à la coquetterie l'assistent parfaitement dans son rôle masqué sur la scène de la vie. Une aptitude à simuler l'extase, un art raffiné pour exprimer par le regard et la parole la chaleur de la sympathie, et même la pureté de l'âme : elle est pourvue de tout cela par la vanité qu'elle met à gagner la victoire. Peu lui importe alors le prix de revient de cette victoire, quand, le but atteint, elle redeviendra ce qu'elle avait été...

Vous êtes à vos recherches ? Cherchez, et la vie, en attendant, approche du coucher. Les questions de la vie sont loin d'être résolues pour vous. Vous auriez encore tellement envie de la recommencer ! mais ce qui est une fois fini n'a plus de continuation dans la suite.

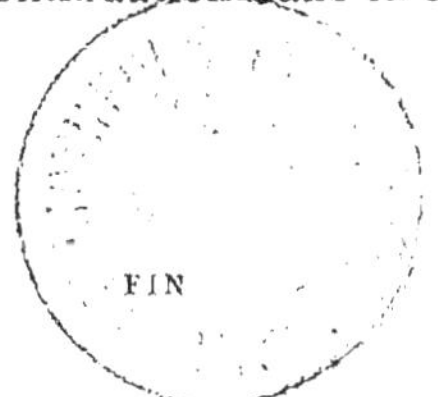

FIN

Paris.— Typ. de Rouge frères, Dunon et Fresné, r du Four-St-Germ., 43

www.ingramcontent.com/pod-product-compliance
Ingram Content Group UK Ltd.
Pitfield, Milton Keynes, MK11 3LW, UK
UKHW021121230726
13926UKWH00002B/583